BEI GRIN MACHT SICH IHR WISSEN BEZAHLT

- Wir veröffentlichen Ihre Hausarbeit,
  Bachelor- und Masterarbeit

- Ihr eigenes eBook und Buch -
  weltweit in allen wichtigen Shops

- Verdienen Sie an jedem Verkauf

Jetzt bei www.GRIN.com hochladen
und kostenlos publizieren

Isabella Melchert

Dienstleistungsbesatz als Messgröße zentralörtlicher Funktion

Geographie des tertiären Sektors

GRIN Verlag

Bibliografische Information der Deutschen Nationalbibliothek:

Die Deutsche Bibliothek verzeichnet diese Publikation in der Deutschen National-
bibliografie; detaillierte bibliografische Daten sind im Internet über http://dnb.d-
nb.de/ abrufbar.

Impressum:

Copyright © 2009 GRIN Verlag GmbH
Druck und Bindung: Books on Demand GmbH, Norderstedt Germany
ISBN: 978-3-656-10130-7

Dieses Buch bei GRIN:

http://www.grin.com/de/e-book/186942/dienstleistungsbesatz-als-messgroesse-
zentraloertlicher-funktion

GRIN - Your knowledge has value

Der GRIN Verlag publiziert seit 1998 wissenschaftliche Arbeiten von Studenten, Hochschullehrern und anderen Akademikern als eBook und gedrucktes Buch. Die Verlagswebsite www.grin.com ist die ideale Plattform zur Veröffentlichung von Hausarbeiten, Abschlussarbeiten, wissenschaftlichen Aufsätzen, Dissertationen und Fachbüchern.

Besuchen Sie uns im Internet:

http://www.grin.com/

http://www.facebook.com/grincom

http://www.twitter.com/grin_com

RWTH Aachen   12.02.2009

Geographisches Institut

Proseminar Geographie

Wintersemester 2008/2009

Hausarbeit

Dienstleistungsbesatz als Messgröße

zentralörtlicher Funktion

Geographie des tertiären Sektors

Isabella Melchert

Isabella Melchert

1. Semester

Studienfach: B.Sc. Angewandte Geographie

Inhaltsverzeichnis

1 Einleitung der Begriffe ‚Dienstleistung' und ‚zentraler Ort'

Um in den nachfolgenden Abschnitten von den Begriffen ‚Dienstleistung' und ‚zentraler Ort' Gebrauch machen zu können, wird im Folgenden versucht, eine angemessene Definition jener Begriffe zu formulieren.

„Es gibt zahlreiche Versuche, Dienstleistungen abzugrenzen, zu definieren oder zu gliedern" (Gräf 2003:3). In Folge dessen ist eine Definition des Begriffs ‚Dienstleistung' in der Literatur nicht einheitlich. Durch Zusammenführen literarischer Quellen sind Dienstleistungen nach der volkswirtschaftlichen Lehre ökonomische Güter, die sich vor allem durch Immaterialität und fehlender Lagerfähigkeit der Produkte kennzeichnen (Frerich/Pötzsch 1975:5). Dienstleistungen unterscheiden sich von Sachleistungen dadurch, dass ein Interaktionsprozess zwischen Anbieter und Nachfrager stattfindet, d.h. beide Akteure treten in unmittelbaren Kontakt zueinander (Henschel/Kulke 2004:47). Nicht die materielle Produktion oder der materielle Wert eines Endprodukts steht im Vordergrund, sondern eine von einer natürlichen oder einer juristischen Person erbrachte Leistung zur Befriedigung eines menschlichen Bedürfnisses (Leser et al. 2005:155). „Schließlich gilt für den Vorgang der Erbringung der Dienstleistungen, dass hierfür ein relativ hoher Anteil menschlicher Arbeitsleistung erforderlich ist" (Kulke 2006:23), sowie hohe Humankapital- bzw. Arbeitsintensität verlangt wird. Ein weiteres wesentliches Merkmal zur Differenzierung zwischen Dienstleistung und Sachleistung stellt das uno-actu-Prinzip dar, d.h. Produktion und Konsumption fallen zeitlich und räumlich zusammen (Gräf 2003:3, Kulke 2006:23).

Das Wort ‚zentral' beinhaltet im thematischen Zusammenhang zwei unterschiedliche, aber inhaltlich zusammenhängende Kriterien: zum einen die Eigenschaft Mittelpunkt zu sein, und zum anderen die Eigenschaft Bedeutungsüberschuss zu besitzen. Letzteres kommt nach CHRISTALLER in einer Siedlung allerdings nur im Falle eines Bedeutungsdefizits an einer anderen Stelle zu Stande (Heinritz 1979:13-14). Der ‚zentrale Ort' ist also gekennzeichnet durch seine funktionellen Beziehungen über den Raum hin (Schöller 1972:193).

2   Zentralitätsforschung

CHRISTALLER (1893-1969) gelang es mit seinem Werk über ‚Die zentralen Orte in Süddeutschland' die funktionalen Stadt-Land-Beziehungen, vor allem aber die Zentralität in den Vordergrund stadtgeographischer Analysen zu stellen (Heineberg 2000:15). „[Seine] Theorie der Zentralen Orte (1933) zählt zu den Meilensteinen der räumlichen Theoriebildung, deren analytischer und heuristischer Wert nicht in Frage gestellt werden kann" (Lichtenberger 1998:49).

2.1   W. CHRISTALLER: Modell der zentralen Orte

In seinem Werk ‚Die zentralen Orte in Süddeutschland' versucht er erstmals ein hierarchisches Organisationsmodell bei der Erforschung städtischer Systeme anzuwenden. Dabei geht er explizit auf die hierarchische Struktur der räumlichen Ordnung der Wirtschaft ein und versucht diese durch das Zusammenwirken ökonomischer Bestimmungsfaktoren zu erklären und abzuleiten (Schätzl 2003:72). Seine Theorie basiert auf der Überlegung, dass zentrale Güter und Dienstleister nicht in gleicher Weise und Häufigkeit von den Bewohnern eines Raumes in Anspruch genommen werden (Kulke 2006:131).

Damit dieses Modell zur Erfassung und Erklärung von Regelhaftigkeiten dienen kann, setzt CHRISTALLER eine Reihe vereinfachter Annahmen zugrunde bezüglich der Ausstattung des Raumes (Homogenität), der Verhaltensweisen der Anbieter und Nachfrager sowie der Marktform (Unbegrenztheit) (Heinritz 1979:23, Schätzl 2003:72). Seine Homogenitätsannahmen beinhalten keine räumlichen Unterschiede in den Produktions- und Nachfragebedingungen in einer unbegrenzten Fläche, die Gleichverteilung von Produktionsfaktoren und Bevölkerung, Gleichheit der Bedürfnisse aller Individuen sowie deren Einkommen und Kaufkraft, gleichförmige Richtungsverteilung des Verkehrsnetzes und direkte Proportionalität der Transportkosten zur Entfernung (Schätzl 2003:72). Des Weiteren geht CHRISTALLER auf den ‚homo oeconomicus' bzw. ‚Optimizer' ein, der über vollständige Informationen verfügt, diese optimal zu verarbeiten versteht und eine ökonomisch-rationale Entscheidung mit dem Ziel der Profitmaximierung trifft, in dem er unter anderem versucht, seine Transportkosten zu minimieren (Kulke 2006:33, Leser et al. 2005:360). Der ‚homo oeconomicus' kann als Anbieter oder Konsument agieren: als Anbieter von Dienstleistungen mit dem Ziel der optimalen Ge-

3

winnmaximierung und als Konsument das Erreichen der optimalen Minimierung der Ausgaben, indem er jeweils den nächstbenachbarten zentralen Ort aufsucht (Hofmeister 1997:97).

Zur vereinfachten Annahme der Marktform zählen unter anderem ein polypolistisches Verhalten, d.h. der Markt basiert auf Wettbewerb, sowie Exklusion einer Spezialisierung des Angebots auf einzelne Standorte (Schätzl 2003:72).

Schließlich lässt sich unter Berücksichtigung der oben genannten Annahmen ein „Muster von Angebotsstandorten" (Kulke 2006:132) entwickeln. Die von ihm ursprünglich entwickelten kreisförmigen Marktgebiete veränderte CHRISTALLER letztendlich so ab, dass keine Peripheriegebiete, d.h. unterversorgten Gebiete in den Übergangszonen mehr existieren (Abb. 1). Falls nur ein Standort behandelt werden soll, erweist sich die vorliegende Kreisform als günstigste Begrenzung jenes Marktgebietes (Schätzl 2003:74).

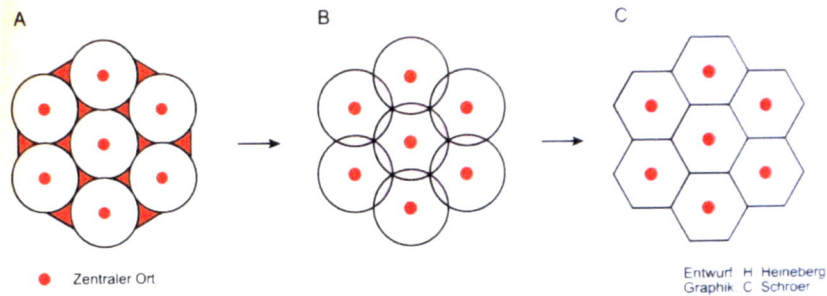

Abb. 1: **Entwicklung des Hexagonalschemas zentralörtlicher Bereiche** (Heineberg 2003:197)

Die Anbieter dieser neu entwickelten hexagonalen Marktgebiete besitzen alle gleich große Märkte und erzielen gleiche Erlöse. Ebenso dient zur Erleichterung der Modellentwicklung die Voraussetzung, dass alle Konsumenten mit einem identischen Angebot in jeweils geringster möglicher Entfernung zu gleichen Kosten versorgt werden (Dicken/Lloyd 1999 zit. in Kulke 2006:132).

Als nächstes wird zwischen Gütern und Dienstleistungen unterschiedlicher Reichweite differenziert. Güter des täglichen Bedarfs (z.B. Lebensmittel) bzw. kurzfristige Dienstleistungen werden von Konsumenten häufig nachgefragt. Somit sind die Konsumenten für deren Erwerb bereit, nur geringe Entfernungen in Kauf zu nehmen. Entsprechend besitzen diese Dienstleister nur kleine Marktgebiete, aber dafür zahlreiche Standorte (Kulke 2006:133). Hingegen für selten benötigte und hochwertige Dienstleistungen (z.B. Möbelgeschäft, Investitionsbank) überwinden die Nachfrager weitere Distanzen. Aufgrund dessen weisen sol-che Dienstleister

4

eine begrenzte Zahl von Standorten mit großem Marktgebiet auf. Entsprechend der Größe der unterschiedlichen Marktgebiete lassen sich verschiedene Güter und Dienstleistungen in eine Rangfolge bringen (Abb. 2).

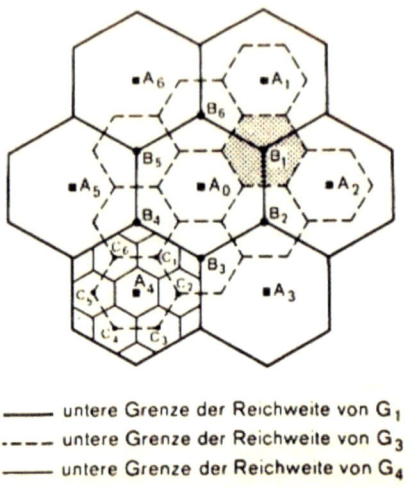

——— untere Grenze der Reichweite von G_1
– – – – untere Grenze der Reichweite von G_3
——— untere Grenze der Reichweite von G_4

Abb. 2: **System der zentralen Orte** (Schätzl 2003:77)

Dabei gilt: je größer die untere Grenze der Reichweite – oder räumlich gesehen die innere Grenze – eines Dienstleisters bzw. Gutes ist, desto höher ist seine Zentralität (Kulke 2006:133, Schöller 1972:5). Hingegen die obere Grenze der Reichweite – räumlich gesehen die äußere Grenze – wird durch die Entfernung von einem zentralen Ort bestimmt. Allerdings muss man hierbei zusätzlich in Betracht ziehen, dass jedes zentrale Gut auch aus einem anderen benachbarten oder billigeren zentralen Ort erworben werden kann. Falls solch ein Fall vorliegt, spricht man von einer „realen (relativen) Grenze der Reichweite" (Schöller 1972:5). Die untere Grenze der Reichweite umfasst in Folge dessen also das Gebiet, welches mindestens vorhanden sein muss, damit das zentrale Gut an dem zentralen Ort dieses Gebietes angeboten wird, während die obere Grenze jenes Gebiet involviert, in welchem überhaupt ein Absatz des zentralen Gutes möglich ist. Diese beiden Grenzen determinieren also „die Mindest- und die Höchstfläche des Ergänzungsgebiets eines zentralen Ortes" (Schöller 1972:6) in Bezug auf ein bestimmtes zentrales Gut (Schöller 1972:6).

Es ist zu resümieren, dass das von CHRISTALLER entwickelte zentralörtliche System auf der Annahme basiert, dass man mit der geringstmöglichen Zahl an zentralen Orten die räumlich gleichmäßig verteilten Konsumenten mit allen zentralen Gütern und Diensten versorgen kann (Schätzl 2003:79).

2.2 CHRISTALLERs k-3-, k-4- und k-7-System

Als Grundsatz, dass individuelle Standortentscheidungen zu einer optimalen Versorgung der Bevölkerung führen, nennt CHRISTALLER das ‚Versorgungs- oder Marktprinzip', das ‚Verkehrsprinzip' und das ‚Absonderungs- bzw. Verwaltungsprinzip' (Kulke 2006:135, Schätzl 2003:79).

Unter den idealisierten Annahmen (siehe 2.1) entwickelte CHRISTALLER ein hierarchisches System von Versorgungszentren in Regionen nach dem genannten ‚Versorgungs- oder Marktprinzip', dessen Prinzip durch einen Zuordnungsfaktor k = 3 gekennzeichnet ist, der sich wie folgt zusammensetzt (Abb. 3): das vorliegende A-Zentrum grenzt an sechs B-Zentren, die aber nur zu einem Drittel in dessen Einzugsbereich liegen. Also folgt daraus: $1 + (6 \cdot \frac{1}{3}) = 3 = k$. Fasst man nun die unvollständigen B-Zentren zusammen, ergibt sich folglich, dass sich ein zentraler Ort höherer Ordnung selbst und zwei Nachbarorte niedrigerer Ordnung mit versorgt (deshalb k = 3) (Kulke 2006:135, Schätzl 2003:79).

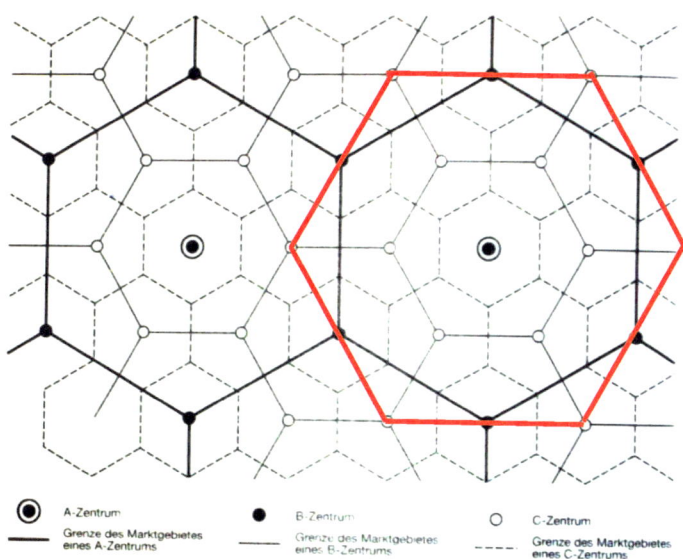

Abb. 3: **System zentraler Orte** (abgeändert nach Kulke 2006:134)

6

Bei dem ‚Verkehrsprinzip' reihen sich zentrale Orte einer niedrigeren Stufe entlang der Stre-cke bzw. Verkehrsanbindung auf, welche zwei zentralen Orte des nächsthöheren Ranges mit-einander verbinden. Die Notwendigkeit der möglichst ökonomischen Verkehrsanbindung wird mit dem Zuordnungsfaktor k = 4 beschrieben. Der Einzugsbereich entspricht hier jeweils der Hälfte von sechs niedrigeren Zentren, also 1 + 6/2 = 4 = k (Abb. 3, rote Markierung) (Kulke 2006:135).

Für die Verwaltung ist es notwendig, eindeutige Zuständigkeiten zu definieren, wobei das k-3- und k-4-Stystem hier unbrauchbar erscheinen, da kleinere Orte geteilt werden müssten bzw. mehrere höhere Ebenen, z.b. Landkreisen, angehören würden. Bei dem ‚Absonderungs- bzw. Verwaltungsprinzip' ist der Wirkungsbereich auf sechs umliegend komplett niedrigere Zentren und das eigene niedrige Zentrum ausgedehnt, also 1 + 6 = 7 = k (Kulke 2006:135).

2.3 Dienstleistungsbesatz von Grund-, Mittel- und Oberzentren

Bei den genannten Prinzipien handelt es sich zwar ‚nur' um Modelle, bei denen CHRISTALLER von realitätsfernen Annahmen ausgeht, aber trotz alledem konnten sich seine Modelle im Jah-re 1968 für die heutige Raumplanung durchsetzen, vor allem bei der Konstruktion hierarchi-scher Systeme von Ober-, Mittel- und Grundzentren (Kulke 2006:135).

Ober-, Mittel- und Grundzentren bilden die drei verschiedenen Zentralitätsstufen zur Bestim-mung zentraler Orte, die je einen unterschiedlich großen Einzugsbereich aufweisen.

Eine Abgrenzung bezüglich der Einwohnerzahlen von Ober-, Mittel- und Grundzentren ist in der Literatur nicht einheitlich gegeben. Die folgenden Einwohnerzahlen sind nach Schätzun-gen definiert: für Grundzentren gilt eine Zahl von etwa bis zu 3000 Einwohnern, für Mittel-zentren, wie z.b. Herzogenrath, etwa 50.000 Einwohner und zu einem Oberzentrum werden Einwohnerzahlen ab 100.000 gezählt.

Die Vorgehensweise des oben erklärten k-3-Systems ist ebenfalls auf die Konstruktion der Unterzentren zu übertragen, denn diese sind auf den sechs Eckpunkten der Mittelzentren loka-lisiert, ebenfalls ihr Einzugsbereich entspricht wieder einem Drittel des übergeordneten zent-ralen Ortes (Reichart 1999:88). Ein Grund- oder auch Unterzentrum genannt bildet nach dem hierarchisch aufgebauten System der zentralen Orte die unterste Stufe und dient zur kurzfris-tigen bzw. alltäglichen Versorgung der Bevölkerung. Charakteristische Einrichtungen sind z.b. Allgemeinmediziner, Zweigstelle der Post, Kirche, Grundschule, Sparkasse, Einzelhandelseinrichtungen verschiedener Grundbranchen (wie Apotheke, Supermarkt) und unterste Verwaltungsbehörde (Heineberg 2003:200, Leser et al. 2005:1007).

Zu den speziellen Ausstattungen der Mittelzentren gehören die Güter und Dienste des mittelfristigen, eher gehobenen Bedarfs sowie der gesamte Funktionenbereich der Unterzentren. Dazu zählen Einrichtungen der Kunst- und Kulturpflege (wie Theater und Kino), medizinische Versorgung in Krankenhäusern sowie spezielle Fachärzte, vollausgebaute höhere Schulen und Berufsschulen, Steuerberater, Anwälte und Notare sowie Einzelhandelsversorgung bis zum periodischen Bedarf (z.b. Textilien) (Leser et al. 2005:567, Kulke 2006:136).

Ein Oberzentrum besitzt in seinem Einzugsgebiet die höchste Zentralität und versorgt die Bevölkerung mit spezialisierten höheren Gütern und Dienstleistungen des langfristigen Bedarfs. Zu diesen gehören neben denen des Mittelzentrums zusätzlich große Regionalbehörden, Theater- und Konzerthäuser, Museen, Spezialkliniken mit Fachabteilungen, jegliche Formen der Schulausbildung (wie Gymnasien, Hoch- und Fachschulen), Landesbibliotheken sowie Einzelhandelsversorgung bis zum aperiodischen Bedarf (z.b. Möbel-, Waren- und Kaufhäuser und andere Spezialgeschäfte). Allerdings können die Unterschiede zwischen den Oberzentren relativ groß sein, denn sie erstrecken sich von der Mittelstadt (nicht zu verwechseln mit Mittelzentrum) bis hin zur Weltstadt (Leser et al. 2005:623, Kulke 2006:136).

Die Abgrenzungen der Einzugsbereiche von Mittel- und Oberzentren lassen sich schematisch nach dem k-3-System in gleicher Weise abgrenzen wie das der Unterzentren (Reichart 1999:88).

2.4   Ausgewählte Methoden zur Messung von Zentralität

Um den jeweiligen zentralörtlichen Rang vorhandener zentraler Orte feststellen zu können, muss ihre Zentralität gemessen werden. Die Schwierigkeit der quantitativen Erfassung der Zentralität eines Ortes liegt zunächst in der Vielseitigkeit dessen, was zur ‚Bedeutung' eines Ortes beiträgt (Heinritz 1979:46).

2.4.1   Telefonmethode von CHRISTALLER

CHRISTALLER überprüfte seine Theorie mithilfe der Zahl und Verteilung der damals vorhandenen Telefonanschlüsse, um die Zentralität eines Ortes in der Praxis zu bestimmen (Heinritz

1979:46). „Überschüsse einer Stadt an Telephonanschlüssen über den bevölkerungsbezogenen Mittelwert deutete er als einen Bedeutungsüberschuß der Dienste, der auf die Nachfrage aus dem Umland zurückzuführen wäre" (Ritter 1993:210). Diese Methode ist heutzutage untauglich geworden, war in der frühen Mitte des zwanzigsten Jahrhunderts auch nur dann brauchbar, solange das Telefon überwiegend geschäftliche bzw. dienstliche Zwecke erfüllte (Heinritz 1979:46). Jener Ansatz ließ sich zwar theoretisch vertreten, da Haushalte, Handwerker und Kleinhändler nur in geringem Maße über Telefone verfügten (Ritter 1993:210), aber von den untersuchten Orten besaßen 125 eine überdurchschnittliche Telefondichte, von denen allerdings 22 Orte nur weniger als 100 Einwohner aufwiesen. Diese Methode führt folglich zweifellos zu einer „Trübung der wirklichen Tatbestände" (Schöller 1972:199), indem ‚bedeutungslose' Orte in die zentralen Orte mit eingerechnet werden, aber Orte von wirklich zentraler Bedeutung nicht einmal erwähnt werden (Schöller 1972:199).

Heute ist dieser Indikator der Telefonverbreitung vielleicht ersetzbar durch den Indikator der vorhandenen Internetanschlüsse, wenn nicht sogar nur auf die Verbreitung vorhandener Anschlüsse für DSL (= Digital Subscriber Line) (Gräf 2003:4).

2.4.2   E. NEEF: Bestimmung eines repräsentativen Elementes

Da die Telefonmethode nur unzureichende Ergebnisse liefert, hat ERNST NEEF Mitte des zwanzigsten Jahrhunderts versucht, ein repräsentatives Element ausfindig zu machen, welches die Gesamtheit der Funktionen zentraler Orte widerspiegelt. Um dieses Problem zu behandeln, muss angeblich auf amtliche Statistiken zurückgegriffen werden. Damit man ein Element repräsentativ verwende kann, sollte es verschiedene Voraussetzungen erfüllen. Zum einen muss es allgemein verbreitet sein, denn nur dadurch kann es über die Gesamtheit eines größeren Raumes etwas aussagen. Häfen z.B. weisen von sich aus zweifellos eine zentrale Funktion auf und sind somit für repräsentative Methoden nicht brauchbar (Schöller 1972:201-202). Des Weiteren muss es dem Prinzip der funktionellen Vertretung unterliegen, was heißt, dass es von einem gewissen Standort aus seine Funktion in einen größeren Raum überträgt, der von dieser Funktion als Ergänzungsgebiet leer bleibt. Folglich müssen zwischen dem repräsentativen Element und den dort anderen befindlichen zentralen Diensten enge positive Korrelationen bestehen, d.h. jede einzelne Steigerung der zentralen Dienste muss sich in einem Bedeutungszuwachs des repräsentativen Elements widerspiegeln (Schöller 1972:202). Daraus ergibt sich wiederum, dass zu nicht zentralen Diensten eine negative oder neutrale Beziehung

9

besteht, damit nicht andere als zentrale Funktionen die Größenordnung des repräsentativen Elements beeinflussen können.

Greift man nun, wie oben angedeutet, auf die amtlichen Statistiken zurück, so erkennt NEEF, dass die Verwaltungsfunktionen bei den zentralen Diensten an vorderer Stelle stehen (Schöller 1972:203). Jedoch muss man hierzu den zeitlichen Rahmen beachten. Heutzutage sind die Bereiche der Handels- sowie der Logistikbranche, also hauptsächlich distributive Dienste an vorderer Stelle der Dienstleistungsstatistiken, sofern man den Anteil der Erwerbs-tätigen in Betracht zieht (Kulke 2006:149).

2.4.3 Andere Versuche zur Bestimmung von Zentralität

Nach CHRISTALLER versuchten noch einige andere Autoren Methoden zur Erfassung des Zentralitätsgrades von Siedlungen zu formulieren. Dazu gehören unter anderem NEEF, der 1952 sich darum bemühte, durch Konzentration von Einzelhandelsgeschäften zur täglichen Bedarfsdeckung den Grad der Zentralität wiederzugeben, oder HOTTES, der 1954 anhand der Dichte der registrierten Kraftfahrzeuge ein angemessenes Zentralitätsmaß zu interpretieren versuchte (Hofmeister 1997:98).

„Versuche, an ihre Stelle bessere Verfahren zu setzen, liegen mittlerweile in überaus großer Zahl vor. […] Ein einfacher Weg wäre es, zu unterscheiden zwischen Methoden, die darauf angelegt sind, alle Faktoren zu erfassen, die zur Zentralität eines Ortes beitragen, und solchen, die auf der Verwendung von Einzelkriterien als Zentralitätsindikatoren basieren" (Heinritz 1979:47).

3 Standorte von Dienstleistungsunternehmen

Die Gesamtheit der zentralen Einrichtungen wird in groben Umrissen von CHRISTALLER bereits in seinem Katalog repräsentativ skizziert. Er differenziert zwischen acht Sachgebieten der zentralen Einrichtungen. Darunter fallen Verwaltungseinrichtungen, Einrichtungen von kultureller und kirchlicher Bedeutung, Einrichtungen von sanitärer Bedeutung, Einrichtungen von gesellschaftlicher Bedeutung, Einrichtungen zur Organisation des wirtschaftlichen und sozialen Lebens, Einrichtungen des Handels und Geldverkehrs, sowie gewerbliche Einrichtungen und Verkehrseinrichtungen (Heinritz 1979:20).

Die Erreichbarkeit für Nachfrager (Verkehrsinfrastruktur), das Marktvolumen (Zahl und Einkommen der Nachfrager) und das Kontaktpotential (Interaktionsprozess) sind für großräumige Standortentscheidungen wichtig. Zu differenzieren ist bei der Gewichtung der einzelnen Faktoren zwischen den verschiedenen Dienstleistungsbranchen. Konsumorientierte und soziale Dienste suchen die Nähe zu den Endnachfragern, hingegen siedeln sich moderne und unternehmensorientierte Dienste vor allem in der Nähen von Unternehmenshauptsitzen an (Henschel/Kulke 2004:47-48). In Folge dessen kommt es zu drei auffälligen Clustern, also zur Häufung bzw. räumlichen Konzentration branchenverwandter Dienstleister. Zum einen geht klar ein Netzmuster konsumorientierter (kurzfristig) Dienstleister (z.b. Friseur, Lebensmittelgeschäft) hervor, dessen Maschenweite allerdings von der Einwohnerzahl abhängig ist. Diese Betriebe weisen Einzelstandorte auf. Zum anderen existieren Dienstleister des konsumentenorientieren und öffentlichen Bedarfs (mittelfristig und langfristig) mit hierarchischen Standortsystemen. „[Diese] suchen die räumliche Nähe zueinander, da sie so eine größere Attraktivität für Kundenbesuche aufgrund von Kopplungsmöglichkeiten erlangen" (Henschel/ Kulke 2004:48).

4 Fazit

Die Grundaussagen des von Christaller publizierte Modells der zentralen Orte sind: Eine Siedlung, in der Regel eine Stadt, bietet Güter und Dienstleistungen über den eigenen Bedarf hinaus an. Durch diesen Bedeutungsüberschuss und der Größe der Ergänzungsgebiete ergibt sich eine Hierarchie der zentralen Orte (Leser et al. 2005:137).

Nach Christaller muss man Güter und Dienstleistungen des kurz-, mittel- und langfristigen Bedarfs differenziert betrachten, um eine annähernde Bestimmung der Zentralität eines Ortes vornehmen zu können. Der Bedeutungsüberschuss einer Siedlung ist hierbei das Zentralitätsmerkmal, wobei der Fokus auf einer Hierarchisierung der zentralen Orte liegt, d.h. je nach Größe der Einzugsgebiete kommt es zu einer Abstufung der Funktionen der Städte. Fakt ist, dass je größer die untere Reichweite und je größer die Zahl der angebotenen Güter und Dienstleistungen ist, desto größer ist die Zentralität des Ortes.

Auch wenn es sich bei der Messbarkeit von Dienstleistungen um „ein sehr komplexes Unterfangen" (Gräf 2003:3) handelt, bestätigt sich der Dienstleistungsbesatz durch ein Zusammenspiel zentraler, günstiger und attraktiver Lagen sowie Agglomerationen von verschiedenen Dienstleistungsbetrieben. Es geht klar hervor, dass je ausgeprägt der Dienstleistungsbesatz vor allem in seiner Vielfalt ist, desto größer ist die zentralörtliche Funktion. Letztendlich sind standorttypische Cluster von Dienstleistungen in jedem zentralen Ort zu verzeichnen, die sich vor allem durch „Verdichtung branchenähnlicher Dienstleister" (Gräf 2003:5) bemerkbar machen.

Der Dienstleistungsanteil erhöht sich stetig mit der Siedlungsgröße. In kleineren Orten (den Grundzentren) gibt es nur Anbieter von Waren des täglichen Bedarfs, aber mit zunehmender Einwohnerzahl kommen auch mittel- und langfristige Anbieter hinzu. Schließlich dominieren in Großstädten bzw. Oberzentren hoch produktive quartäre, d.h. wissens- bzw. humankapitalintensive Aktivitäten mit großen Marktgebieten.

Literaturverzeichnis

FRERICH, J./ Pötzsch, R. (1975): Tertiärer Sektor und Regionalpolitik. Göttingen: Verlag Otto Schwartz & Co.

GRÄF, P. (2003): Dienstleistungen – Schlüsselfunktionen der Wirtschaft und Triebfeder der Arbeitsmärkte. In: Geographie und Schule, Heft 142, April 2003, S. 3-8.

HEINEBERG, H. (2000): Grundriss Allgemeine Geographie: Stadtgeographie. Paderborn, Stuttgart: UTB.

HEINEBERG, H. (2003): Grundriss Allgemeine Geographie: Einführung in die Anthropogeographie/ Humangeographie. Paderborn, Stuttgart: UTB.

HEINRITZ, G. (1979): Zentralität und zentrale Orte. Stuttgart: Teubner.

HENSCHEL, S./KULKE, E. (2004): Dienstleistungsstandort Deutschland. In: HAAS, H. et al. (Hrsg.) (2004): Bundesrepublik Deutschland Nationalatlas. Leipzig: Spektrum Akademischer Verlag (= Unternehmen und Märkte 8), 46-49.

HOFMEISTER, B. (1997[7]): Stadtgeographie. Braunschweig: Westermann (= Das Geographische Seminar).

KULKE, E. (2006[2]): Grundriss Allgemeine Geographie: Wirtschaftsgeographie. Paderborn, Stuttgart: UTB.

LESER, H. et al. (2005[13]): Wörterbuch Allgemeine Geographie. München, Nördlingen: Deutscher Taschenbuch Verlag.

LICHTENBERGER, E. (1998[3]): Stadtgeographie 1 – Begriffe, Konzepte, Modelle, Prozesse. Stuttgart, Leipzig: Teubner.

REICHART, T. (1999): Bausteine der Wirtschaftsgeographie – Eine Einführung. Bern, Stuttgart, Wien: UTB.

RITTER, W. (1993[2]): Allgemeine Wirtschaftsgeographie – Eine systemtheoretisch orientierte Einführung. München, Wien: Oldenbourg.

SCHÄTZL, L. (2003[9]): Wirtschaftsgeographie 1 – Theorie. Paderborn, Stuttgart: UTB.

SCHÖLLER, P. (1972): Zentralitätsforschung. Darmstadt: Wissenschaftliche Buchgesellschaft (= Wege der Forschung 301).